SITZUNGSBERICHTE DER SÄCHSISCHEN AKADEMIE
DER WISSENSCHAFTEN ZU LEIPZIG

Mathematisch-naturwissenschaftliche Klasse
Band 105 · Heft 4

WILHELM MAIER

AUS DER
ANALYTISCHEN ZAHLENTHEORIE

AKADEMIE-VERLAG · BERLIN
1963

BERICHTE ÜBER DIE VERHANDLUNGEN DER SÄCHSISCHEN AKADEMIE DER WISSENSCHAFTEN ZU LEIPZIG (ab Band 105 SITZUNGSBERICHTE DER SÄCHSISCHEN AKADEMIE DER WISSENSCHAFTEN ZU LEIPZIG)

MATHEMATISCH-NATURWISSENSCHAFTLICHE KLASSE

Band 97

Heft 1 Prof. Dr. ERICH STRACK, Beobachtungen über den endogenen Anteil des Kot-Stickstoffs 24 Seiten — 8° — 1949 — DM 2,50 *(vergriffen)*

Heft 2 Prof. Dr. ERNST HÖLDER, Über die Variationsprinzipe der Mechanik der Kontinua 13 Seiten — 8° — 1950 — DM 2,75 *(vergriffen)*

Heft 3 Dr. H. GERSTNER / Dr. H. BAARK / Dr. H. GRAUL, Der Wechselstromwiderstand der Froschhaut 25 Seiten — 8° — 1950 — DM 2,75 *(vergriffen)*

Heft 4 Prof. Dr. HERBERT BECKERT, Existenz- und Eindeutigkeitsbeweise für das Differenzenverfahren zur Lösung des Anfangswertproblems, des gemischten Anfangs-Randwert- und des charakteristischen Problems einer hyperbolischen Differentialgleichung zweiter Ordnung mit zwei unabhängigen Variablen 42 Seiten — 8° — 1950 — DM 9,—

Heft 5 Prof. Dr. HERBERT BECKERT, Über quasilineare hyperbolische Systeme partieller Differentialgleichungen erster Ordnung mit zwei unabhängigen Variablen. Das Anfangswertproblem, die gemischte Anfangs-Randwertaufgabe, das charakteristische Problem 68 Seiten — 8° — 1950 — DM 14.50 *(vergriffen)*

Heft 6 Prof. Dr.-Ing. ENNO HEIDEBROEK, Das Verhalten von zähen Flüffssigkeiten, insbesondere Schmierflüssigkeiten, in engen Spalten Nachdruck — 40 Seiten — 24 Abbildungen — 8° — 1952 — DM 5,80 *(vergriffen)*

Heft 7 Prof. Dr. HANS SCHUBERT, Über eine lineare Integrodifferentialgleichung mit Zusatzkern 52 Seiten — 8° — 1950 — DM 9,25 *(vergriffen)*

Heft 8 Dipl.-Phys. HERMAR KRUPP, Bestimmung der allgemeinen Lösung der Schrödinger-Gleichung für Coulomb-Potential 28 Seiten — 8° — 1950 — DM 5,50 *(vergriffen)*

Band 98

Heft 1 Prof. Dr. WALTER SCHNEE, Über magische Quadrate und lineare Gitterpunktprobleme 48 Seiten — 8° — 1951 — DM 4,65 *(vergriffen)*

Heft 2 Prof. Dr.-Ing. ENNO HEIDEBROEK, Über die Beziehungen zwischen Schmierung und Verschleiß bei geschmierter Gleitreibung Nachdruck — 36 Seiten — 5 Abbildungen — 8° — 1954 — DM 2,75

Heft 3 Prof. Dr.-Ing. e. h. KARL KEGEL, Der Salzstock Mirowo bei Provadia in Bulgarien 26 Seiten — 9 Abbildungen — 8° — 1951 — DM 3,— *(vergriffen)*

Heft 4 Prof. Dr. HERBERT BECKERT / Prof. Dr. HANS SALIÉ, Bemerkungen über die Verbiegung hyperbolisch gekrümmter Flächenstücke / Über Abels Verallgemeinerung der binomischen Formel. 22 Seiten — 2 Abbildungen — 8° — 1951 — DM 2,25 *(vergriffen)*

Heft 5 Prof. Dr. ERICH STRACK, Die Dauerinfusion als Verfahren zur Erforschung des Kohlenhydratstoffwechsels des Tierkörpers 20 Seiten — 8° — 1952 — DM 2,— *(vergriffen)*

Band 99

Heft 1 Prof. Dr. HEINRICH BRANDT, Über das quadratische Reziprozitätsgesetz 18 Seiten — 8° — 1951 — DM 1,90 *(vergriffen)*

Heft 2 Prof. Dr. GEORG SPACKELER, Der Gebirgsdruck und seine Beherrschung durch den Bergmann 36 Seiten — 12 Abbildungen — 8° — 1951 — DM 1,65 *(vergriffen)*

Heft 3 Prof. Dr. ERNST DIEPSCHLAG, Die Anwendbarkeit der Regelungstechnik in der Hüttenindustrie 38 Seiten — 12 Abbildungen — 8° — 1952 — DM 3,90

Heft 4 Prof. Dr. ALBERT FROMME, Die Bedeutung der Entwicklungsgeschichte, besonders des Mesenchyms für die Klinik 24 Seiten — 8° — 1952 — DM 1,75 *(vergriffen)*

Heft 5 Dr. ROBERT BÖKER, Die Entstehung der Sternsphäre Arats 68 Seiten — 4 Abbildungen — 2 Falttafeln — 3 Tabellen — 8° — 1952 — DM 5,60

SITZUNGSBERICHTE DER SÄCHSISCHEN AKADEMIE
DER WISSENSCHAFTEN ZU LEIPZIG

Mathematisch-naturwissenschaftliche Klasse
Band 105 · Heft 4

WILHELM MAIER

AUS DER ANALYTISCHEN ZAHLENTHEORIE

AKADEMIE-VERLAG · BERLIN
1963

Vorgetragen in der Sitzung vom 18. Juni 1962
Manuskript eingeliefert am 29. November 1962
Druckfertig erklärt am 28. Oktober 1963

Erschienen im Akademie-Verlag GmbH, Berlin W 8, Leipziger Straße 3—4

Lizenznummer: 202 · 100/867/63
Gesamtherstellung: VEB Druckerei „Thomas Müntzer" Bad Langensalza
Bestellnummer: 2027/105/4 · ES 19 B 2 · Preis: DM 2,—

HERRN GUSTAV DOETSCH

(Freiburg i. B.)

zum 70. Geburtstag

Im Dialog eines der Schauspiele von B. Shaw werden menschliche Charaktereigenschaften beleuchtet mit folgender Bemerkung: „Wenn es ums Ganze geht, weist sich der Waffen Wert". Aber nicht nur im persönlichen Kampfe der streitenden Gegner, sondern auch im wissenschaftlichen Erkenntnisprozeß zeigt sich das Messer des Geistes, wenn die anschaulich gegebenen Sachverhalte einer begrifflichen Verknüpfung unterworfen werden, etwa in der Straffheit der benutzten Methode. Eine tiefe Kluft trennt die abstrahierende Denkweise der mathematischen Forschung von den vielgestaltigen Erscheinungen der lebenden Welt. Umgekehrt wird in der Beschreibung anorganischer Vorgänge die vorbildliche Folgerichtigkeit der mathematischen Begriffs- und Urteilsbildung ziemlich einstimmig anerkannt. Hier spielt die Kunst des Weglassens beim geistigen Schaffen eine zentrale Rolle, vielleicht nicht weniger als bei der abstrakten Malerei. In der Platonischen Akademie, diesem Glanzpunkt der griechischen Klassik, wurde die Geometrie der fünf regulären Körper unseres Erfahrungsraumes untersucht; dabei wurde der Begriff räumlicher Symmetrie so intensiv in Anspruch genommen, daß erst zwei Jahrtausende später wesentliche Zusätze zur Theorie raumzeitlicher symmetrischer Gebilde gegeben werden konnten. Entgegen einer Behauptung Oswald Spenglers fanden die griechischen Denker damals keineswegs ihr Genügen in der Freude an der schönen Gestalt als einer räumlichen Gegebenheit. Vielmehr verglich schon Plato den Arbeitsgang des Wissenschaftlers mit der sakralen Handlung eines Priesters im Opferdienst. Mit Behutsamkeit mußten ja die Organe dem Opfertier entnommen werden, und ebenso behutsam hat der analysierende Forscher Teile eines Erscheinungsbildes beiseitezustellen, um dem begrifflichen Gerüst näher zu kommen. Wohin führt dieser Abbau im Bereich der mathematischen Wissenschaft? Mit dem Verzicht auf Bewegungserscheinungen in der Zeit bleiben die geometrischen Gestalten; sie wurden durch R. Descartes Methode auf Maßbeziehungen zwischen Koordinaten, d. h. reelle

Zahlen zurückgeführt in der Analysis des Kontinuums. Scheidet man auch diese Mannigfaltigkeit aus zugunsten eines nur abzählbaren Zahlsystems, so verbleibt als Überrest gleich einem toten Knochengerüst das System der natürlichen Zahlen, d. h. die Menge $\{1, 2, \ldots\}$. Gibt es wohl noch bedeutsame Fragestellungen auf solch dürrer Weide des Arithmetikers? An den Namen des Griechen ERATOSTHENES, eines Alexandriners knüpft der Begriff des „Zahlensiebes“ als eines Verfahrens zur Entfernung der Vielfachen an, der teilbaren Zahlen aus

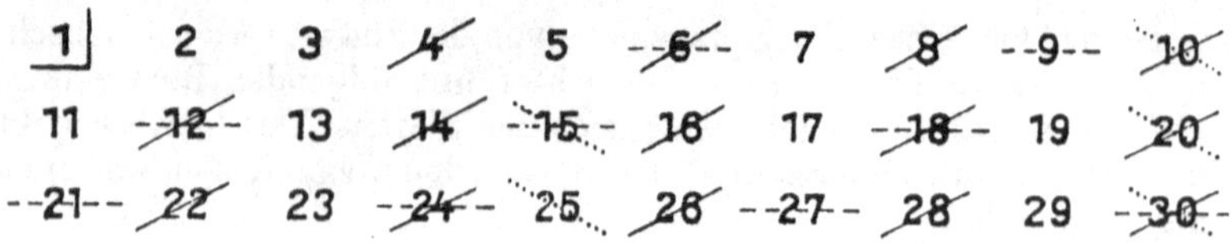

Die Wirksamkeit der Siebung wird verstärkt dadurch, daß jeder Teiler t mit $tt' = n$ dabei o.B.d.A. unterhalb $\sqrt{n}$ gewählt werden kann. Bezeichnet man die durch keine weiteren Zahlen teilbaren natürlichen Zahlen als Primzahlen, so verbleibt als Ergebnis der Aussiebung eine dünnere Teilmenge

$$\{2, 3, 5, 7, 11, 13, 17, 19, 23, 29, \ldots\}.$$

Eine jede natürliche Zahl läßt dann eindeutig aus Primzahlen p und Hochzahlen h eine multiplikative Zerlegung zu

$$n = 2^{h_1} \cdot 3^{h_2} \cdot 5^{h_3} \cdots p_m^{h_m}. \qquad (1)$$

Unklar bleibt die Anzahl m der beanspruchten Primzahlen p, d. h. die Basislänge in der Darstellung (1). Die Aussiebung sehr großer Zahlen „astronomischer“ Größe wie $10^{(10^{10})} + 1$ ist ein Unternehmen, das für moderne Rechenautomaten trotz elektronischer Geschwindigkeiten zu Durchführungszeiten von Stunden führt. Ein lebender Rechenknecht müßte heute genau wie zu EUKLIDS Zeiten vor dem Arbeitsaufwand verzagen, die Primfaktoren solch großer Zahlen festzustellen. Wenn EUKLID dennoch die Existenz von unendlich vielen Primzahlen als Basis für den multiplikativen Aufbau aller natürlicher Zahlen als notwendig erkannte, so bedurfte es dafür eines neuen Gedankens. Die Frage, ob eine größte Primzahl $p_l < \infty$ vorhanden sei, wurde durch EUKLID entschieden auf indirekte Art. Solche indirekte Beweisführung wirkt auf den Außenstehenden zunächst erkünstelt, und A. Schopenhauer redet von „Mausefallen, die den Assensus des Lernenden gefangennehmen“, wenn die Logik des Beweises die Annahme des Gegenteils der Behauptung voraussetzt.

Mit EUKLIDS Annahme einer größten Primzahl p_l folgt für alle $n > p_l$ die Teilbarkeit. Alle $p_k \leqq p_l$ sind aber als Teiler nicht enthalten in

$$1 + (p_1 p_2 p_3 \ldots p_l) = q\,, \tag{2}$$

sondern lassen beim Teilungsprozeß den Divisionsrest 1 übrig. Es müßte also q selbst Primteiler enthalten, die größer als p_l sind. Der entstandene Widerspruch zeigt die Nichtexistenz endlicher Mengen $\{p_k\}$ zugunsten der Existenz unendlich vieler Primzahlen. Die leicht formulierbare Frage nach der Anzahl aller Primzahlen wurde also vor zwei Jahrtausenden mit begrifflichen Mitteln entschieden. Andere Fragen, die ebenso leicht zu formulieren sind, konnten bis heute nicht geklärt werden. Benennt man Primzahlen, die möglichst wenig voneinander abweichen, mit $p_{k+1} - p_k = 2$ als „Primzahlzwillinge", so entsteht die Frage der Anzahl der Zwillingspaare, und sie konnte bis heute nicht entschieden werden. Natürlich gibt es in jeder Einzeldisziplin Sonderprobleme, die einen beschränkten Kreis von Spezialisten interessieren, beim Außenstehenden aber meist ein nachsichtiges Lächeln hervorrufen. Oft entsteht der Verdacht, daß hier nur ein sportlicher Ehrgeiz, und vielleicht auf aussichtsloser Fährte seine Jagd betreibe. Gehört die oben erwähnte Teilbarkeitstheorie natürlicher Zahlen zu solch nutzlosen Spielereien oder geht sie als Grundlagenwissenschaft in andere Nachbargebiete ein? Bei unserem Anrainer, der theoretischen Physik, werden Systeme mit Eigenschwingungen untersucht, und die Frage nach den entstehenden Frequenzen und der durch sie speicherbaren Energie hängt ab von der Gestaltung des schwingungsfähigen Systems; die Frage führt im einfachen Fall der Membran- und Plattenschwingungen schon ziemlich tief in die Zahlentheorie der Primzahlverteilung. Interessieren wird uns hier aber weniger die Ausstrahlung einer mathematischen Theorie und deren Anwendungen im außermathematischen Bereich als die erkenntnistheoretische Besonderheit, daß wesentliche Probleme in einfacher Formulierung auftreten, ihre Entscheidbarkeit aber auf Beweisanordnungen führt, die für unsere Urteilskraft nur durch Anleihen tragbar werden. Die Anleihen beanspruchen dann solche innermathematischen Bezirke, die beim vorhin erwähnten Abstraktionsprozeß ausgeschieden worden waren, wie die stetige Zahlenmannigfaltigkeit, innerhalb deren funktionale Abhängigkeit bearbeitet werden kann durch die Theorie analytischer Funktionen. Anleihen werden auch nötig aus Gebieten der anschaulichen Geometrie, die an sich den arithmetischen Behauptungen ziemlich fern stehen. Wenn der Erkenntnisweg, wie in der kritischen Philosophie, über die Anschauung durch Begriffe zu Ideen zielt, so liefern unsere zahlentheoretischen Probleme ein treffendes Beispiel, und wir haben aus der geschichtlichen Entwicklung des exakten Wissens noch einige Punkte zu beleuchten. Neben der sogenannten puristischen Tendenz, welche sich zurückzieht auf ein Kleinstmaß von Begriffen, tritt bei den hier vorliegenden Beweisen eine gegenläufige synthetische Absicht zutage, welche nicht nur die Einbettung unseres arithmetischen Knochengerüstes in den Körper der stetigen Zahlenmannigfaltigkeit ausnützt, sondern auch gern räumliche Suggestionen als Hilfsmittel der Geometrie entlehnt. Als Schöpfer der analytischen Zahlentheorie können L. DIRICHLET (1840) und BERNHARD RIEMANN (1860) genannt werden; 1900 erst hat H. MINKOWSKI seine Geometrie der Zahlen hinzufügen können. Aus EUKLIDS Ungleichung (2) kann die Häufigkeit der Primzahlen nur in sehr grober Weise beurteilt werden, etwa mit

$$p_k \leqq 2^{k!} .$$

Eine Verschärfung gab 1750 L. EULER, der reelle Parameter $s > 1$ hinzuzog, um konvergente geometrische Reihen, wie

$$\sum_{h=0}^{\infty} p^{-hs} = \frac{1}{1 - p^{-s}}$$

in seine Beweise einzubauen. Es gelang ihm, eine in s identische Aussage zu formulieren, welche linkerhand alle natürlichen, rechts aber nur alle Primzahlen beansprucht. Sie lautet

$$\sum_{n=1}^{\infty} n^{-s} = \sum \prod p^{-hs} = \prod_{p} \sum_{h=0}^{\infty} p^{-hs} = \prod_{p} (1 - p^{-s})^{-1} . \tag{3}$$

Genauer gilt nur für $1 < \mathrm{Re}(s)$ die konvergente Entwicklung

$$\sum_{n=1}^{\infty} n^{-s} = \zeta(s) . \tag{3'}$$

Wird mit $0 < \varepsilon$ die Annahme $p_m > m^{1+\varepsilon}$ verbunden, so zeigt sich der Grenzfall $s \to 1$ der analytischen Aussage (3) sehr ergiebig. Das Divergieren der linken Seite bringt einen Widerspruch der rechten Seite gegenüber (3′), woraus eine Größenschätzung

$$p_m < m^{1+\varepsilon} \tag{3''}$$

entnommen werden kann. Setzt man $m^{1+\varepsilon} = x$, so wird die Anzahl der unterhalb x liegenden Primzahlen bemessen durch $m = \pi(x)$, und wir formulieren die ferneren Aussagen in dieser Primzahlfunktion $\pi(x)$, einer unstetigen Funktion, die bei jedem primzahligen Argument springt. Sie ermöglicht den Nachweis einer doppelten Ungleichung:

$$x^{1-\varepsilon} < \pi(x) < x^{1+\varepsilon} . \tag{4}$$

Riemanns neuer Gedanke war, im Beweisgange die unstetige Funktion $\pi(x)$ zu unterbauen durch die analytische Funktion $\zeta(s)$. Durch Umformulierung von (3) in Integralgestalt erhielt er wichtige Aussagen über die eindeutige Transzendente $\zeta(s)$, welche nur einen Pol erster Ordnung bei $s = 1$ besitzt und durch die ganze s-Ebene fortsetzbar wird. Einige Lücken der acht Seiten umfassenden Riemannschen Darstellung konnten 1896 durch v. Mangoldt, Hadamard und de la Vallée Poussin geschlossen werden, so daß (4) sich verschärfen ließ zum sogen. Primzahlsatz, welcher die Anzahl $\pi(x)$ zurückführt auf bekannte Funktionen:

$$\lim_{x\to\infty} \frac{\lg x\, \pi(x)}{x} = 1 . \tag{4'}$$

Nicht verschwiegen werden soll, daß der Grenzwert (4′) im Laufe der letzten Jahrzehnte insbesondere durch den Norweger A. Selberg auch ohne Benutzung komplexer Funktionen sichergestellt werden konnte. So bedeutsam die beweistechnische Leistung von Selberg und Erdös aus dem Jahre 1949 auch ist, so bezieht sie sich doch nur auf den Grenzwert (4′), d. h. eine Näherungsformel für $\pi(x)$, während Riemanns Ansatz von 1859 sich umfassendere Ziele stellt. Mit $1 \leqq m$ in (1) sei

$$\Lambda(n) = \begin{cases} 0\,, & n \neq p_m\,, \\ \lg p_m\,, & n = p_m\,, \end{cases}$$

und die logarithmische Ableitung von (3′) bewirkt

$$\sum_{n=1}^{\infty} \Lambda(n)\, n^{-s} = -\frac{\zeta'}{\zeta}(s) . \tag{5}$$

Bildet man für $0 < x \not\equiv 0(1)$ die Teilsummen der Beiwerte Λ

$$\sum_{n}^{<x} \Lambda(n) = f(x) \tag{5'}$$

und benutzt (5), so folgt

$$\frac{i}{2\pi}\int\limits_{(2)} \frac{ds}{s}\, x^s \frac{\zeta'}{\zeta}(s) = f(x)\,. \tag{5''}$$

Mit (5'') erweist sich die Wertverteilung von $\zeta(\varrho)$ als entscheidend für die Bestimmung von $f(x)$ und über (5') auch von $\pi(x)$. Vermöge (3) konnte HADAMARD längs gewissen Nachbarkurven von $\mathrm{Re}(s) = 1$ auf

$$\frac{\zeta'}{\zeta}(s) = O(s^\alpha) \tag{6}$$

schließen mit $\alpha < 1$.

Die Verlagerung des Weges in (5'') über $s = 1$ hinweg bewirkt die Existenz von

$$\lim_{x\to\infty} \frac{1}{x} \sum_{n}^{<x} \Lambda(n) = 1$$

und daraus (4'). Das anspruchsvollere Programm RIEMANNS erfordert die Einführung der feineren analytischen Hilfsfunktion

$$\lim_{\varepsilon\to 0}\left\{\int\limits_0^{1-\varepsilon} + \int\limits_{1+\varepsilon}^{x}\right\}\frac{ds}{\lg s} = \mathrm{li}(x) \tag{7}$$

und weiterhin die Menge $\{\varrho\}$ mit

$$\zeta(\varrho) = 0 \quad \text{und} \quad 0 < \mathrm{Re}(\varrho)\,. \tag{8}$$

Seit einem Jahrhundert unvollendet ist die Sicherung der von RIEMANN formulierten Vermutung, wonach sogar

$$\mathrm{Re}(\varrho) = \frac{1}{2} \tag{8'}$$

bleibt. Wird in (5'') der Weg noch weiter nach links geschoben, so bestimmt sich bei einfachen Nullstellen ϱ

$$f(x) = x - \sum_{\varrho} \frac{x^\varrho}{\varrho} - \frac{\zeta'}{\zeta}(0) - \frac{1}{2}\lg(1 - x^{-2})\,.$$

Erweiterung mit $\frac{dx}{x \lg x}$ und Integration bezüglich x hat zur Folge RIEMANNS Hauptergebnis zur Primzahltheorie in der Gestalt

$$\sum_{n=1}^{\infty} \frac{1}{n}\,\pi(x^{1/n}) = \mathrm{li}(x) - \sum_{\varrho}{}' \mathrm{li}(x^\varrho) + \int\limits_x^\infty \frac{dt}{(t^3 - t)\lg t} - \lg 2\,, \tag{8''}$$

was $= r(x)$ gesetzt, nach $\pi(x)$ aufgelöst werde:

$$\pi(x) = \sum_n{}' \frac{\mu(n)}{n} r(x^{1/n}) \tag{8'''}$$

mit Beiwerten $\mu(n)$, die nach A. MÖBIUS als Entwicklungskoeffizienten der für $|z| < 1$ konvergenten LAMBERTschen Reihe $\sum_{n=1}^{\infty}{}' \frac{z^n \mu(n)}{1 - z^n} = z$ erklärt werden können; sie sind nur der Werte 0 und ± 1 fähig. Die Brauchbarkeit der von RIEMANN programmierten Primzahlformeln (8'', 8''') hängt somit wesentlich ab von der Lage der komplexen Nullstellen (8, 8'). Versuchen wir also Rechenschaft zu geben darüber, wie weit die forschenden Bemühungen von drei Generationen den Nachweis von (8') gefördert haben. Bedeutsam aus dem gegenwärtigen Jahrhundert war zunächst der von G. H. HARDY (1912) geleistete Nachweis der Existenz von abzählbar vielen Lösungen von (8, 8'). Er setzte mit RIEMANN

$$\frac{\Gamma(s/2)\,\zeta(s)}{\pi^{s/2}} = \eta(s) \tag{9}$$

und benutzte für $t < \infty$ die Realität von

$$\eta\left(\frac{1}{2} + i\,t\right), \quad \text{d. h.} \quad \operatorname{Im} \eta\left(\frac{1}{2} + i\,t\right) = 0\,.$$

Durch Integraltransformation gelangte er zur Darstellung der Modulfunktion

$$\sum_{g=-\infty}^{+\infty}{}' e^{2\pi i \omega g^2} = \Theta(\omega) \tag{9'}$$

in der oberen ω-Halbebene durch η und benutzte das feinere Verhalten von $\Theta(\omega)$ längs der wesentlich singulären Linie $\omega < \infty$. Neuere Untersuchungen von A. SELBERG zeigten, daß nicht nur viele, sondern fast alle ϱ der RIEMANNschen Vermutung Genüge leisten. Um zu prüfen, wieviel damit für die Sicherstellung von (8'') gewonnen ist, hat man mit maschinellen Mitteln die gegenüber (4') verfeinerte Näherung

$$\pi(x) \sim \operatorname{li}(x) \tag{10}$$

zugrundegelegt. Dabei ergab sich, daß die Differenz

$$\pi(x) - \operatorname{li}(x) < 0 \tag{10'}$$

zunächst für alle erreichbaren Fälle negativ wird. Andererseits erkannte J. E. LITTLEWOOD 1912 jedoch die Existenz eines Argumentes u, so daß

$$\pi(u) - \operatorname{li}(u) > 0 \tag{11}$$

ausfällt. Das fragliche Argument in (11) unterliegt der Ungleichung

$$u > 10^{10^{(10^{34})}}. \tag{11'}$$

Zur Beurteilung von (11') vergleiche man etwa die Schätzung der Protonenanzahl unseres Universums, die in der Größenordnung 10^{80} liegt und damit kleiner ist als die Anzahl aller möglichen Spielzüge auf dem üblichen Schachbrett, die ihrerseits etwa $10^{(10^{50})}$ beträgt. Interpretieren wir jeden Protonenaustausch im Universum als Spielzug einer „astronomischen" Schachpartie, so ergibt sich die Anzahl aller dann möglichen Spielzüge von gleicher Größenordnung wie u in (11'). Der Näherungsrest $\pi(x) - \mathrm{li}(x)$ in (8''') schwankt also vorzeichenmäßig mit ungewöhnlichen Verzögerungen. Aber auch der Betrag $|\pi(x) - \mathrm{li}(x)|$ wird für $x \to \infty$ wesentlich durch die Gültigkeit von RIEMANNS Hypothese bestimmt, und es erscheint damit eine erschöpfende Theorie der Primzahlkovariante $\zeta(s)$ die notwendige Voraussetzung zum Aufbau weiterer Kenntnisse über die Primzahlverteilung. Geometrisch gesehen ist aber die Menge der natürlichen Zahlen $\{n\}$ als lineares Halbgitter anzusprechen, welches als Randmannigfaltigkeit eines Quadrantengitters $\{m, n\}$ für $\mathrm{Im}(\omega) \neq 0$ affingeometrische Konstruktionen zuläßt. Für $|\mathrm{arc}\,\omega| < \pi$ und $2 < \mathrm{Re}(s)$ existiert die von zwei Veränderlichen analytisch abhängende Quadrantenfunktion

$$\sum_{m,\,n=1}^{\infty}{}' (m + \omega\, n)^{-s} = V\binom{s}{\omega}, \tag{12}$$

welche einfachen Funktionalgleichungen in ω genügt.

$$V(\omega) = \omega^{-s}\, V\left(\frac{1}{\omega}\right) = V(\omega + 1) + \omega^{-s}\, V\left(1 + \frac{1}{\omega}\right) + (\omega + 1)^{-s}\,\zeta(s). \tag{12'}$$

Diese im $\{m, n\}$ Quadranten aufgebaute Gitterinvariante V kann andererseits durch Faltungsintegration auf $\zeta(s)$ zurückgebracht werden mit der für $2 < \mathrm{Re}(s)$ geltenden Darstellung

$$V(\omega) = \frac{1}{2\pi i} \int\limits_{(s/2)} \frac{dt\,\Gamma(t)\,\zeta(t)\,\Gamma(s-t)\,\zeta(s-t)}{\omega^{t}}. \tag{13}$$

Durch Ausscheidung von V zwischen (12, 13) gelingt eine Kennzeichnung von $\zeta(s)$ durch eine quadratische Integralgleichung, welche insbesondere für $\Gamma(s)\,\zeta(s) = \varphi(s)$ längs der kritischen Geraden Mittelwerte des Wachstums ergibt, die zuvor durch recht mühselige

Einzelrechnungen hatten bestimmt werden müssen. Der fragliche schon von HARDY gegebene Grenzwert lautet

$$\lim_{\omega \to -1} \frac{\omega + 1}{\lg(\omega + 1)} \int_{(1/2)} \frac{dt\, \varphi(t)\, \varphi(1 - t)}{\omega^t} = -1 \,. \tag{13'}$$

Das Problem der nichttrivialen Nullstellen von $\zeta(s)$ wurde 1915 von seiten des Inders SRINIVASA RAMANUJAN durch Betrachtung von ζ-Quotienten aufgegriffen. Erklärt man als Zwischenglied zwischen teilbaren und nicht teilbaren Zahlen die sogenannte Teilerpotenzsumme

$$\sum^{t/n} t^a = \sigma({}_a n) \,,$$

so kann dieser für $0 \leq \mathrm{Re}(a) < \mathrm{Re}(s - 1)$ eine erzeugende Funktion zugeordnet werden in der DIRICHLETschen Reihe

$$\sum_{n=1}^{\infty} n^{-s} \sigma_a(n) = \zeta(s)\, \zeta(s - a) \,. \tag{14}$$

Die Zufügung eines weiteren Parameters b, eingeschränkt durch

$$\max\{0, \mathrm{Re}(a), \mathrm{Re}(b), \mathrm{Re}(a + b)\} < \mathrm{Re}(s - 1)$$

ergibt

$$\sum_{n=1}^{\infty} n^{-s} \sigma_a(n)\, \sigma_b(n) = \frac{\zeta(s)\, \zeta(s - a)\, \zeta(s - b)\, \zeta(s - a - b)}{\zeta(2s - a - b)} \,. \tag{14'}$$

Aus (14') folgerte 1930 schon der Engländer INGHAM, daß für $0 < t$ $\zeta(1 + i t) \neq 0$ bleibt. Diese letztere Aussage erkannte 1933 der Amerikaner N. WIENER als dem Primzahlsatz (4') gleichwertig. Beansprucht man nun die affine Geometrie zum Aufbau von Flächengittern $\{g, h\}$ mit $\begin{cases} g \equiv 0(1) \\ 0 < h \equiv 0(1) \end{cases}$, konstruiert also in der Halbebene $\{g, h\}$ für $\begin{cases} 2 < \mathrm{Re}(s) \\ 0 < \mathrm{Im}(\omega) \end{cases}$ die zugehörige Kovariante

$$\sum_{g=-\infty}^{\infty} \sum_{h=1}^{\infty} (g + \omega h)^{-s} = H\binom{s}{\omega} \,, \tag{15}$$

so ist H einerseits leicht aus den Quadrantenfunktionen (12) aufzubauen, wobei sich die reelle Achse $\omega < \infty$ als singuläre Linie dieser Halbebenenfunktion erweist, während andererseits $H\binom{s}{\omega} = H\binom{s}{\omega + 1}$

in ω periodisch und in s eine ganze Funktion wird. Als periodische Funktion läßt H eine trigonometrische Entwicklung zu

$$H\binom{s}{\omega} = \frac{(-2\pi i)^s}{\Gamma(s)} \sum_{n=1}^{\infty} e^{2\pi i \omega n} \sigma_{s-1}(n), \tag{15'}$$

aus welcher der Holländer KLUYVER schon 1921 das Randverhalten von H bei Annäherung an die rationalen Punkte $\omega \to \frac{u}{q}$ untersuchte. Benutzen wir eine von (14′) unabhängige zweiparametrige Identität zwischen ζ und $\sigma_a(n)$, so besteht, um die letzteren auszuschalten, für $0 < \operatorname{Re}(a) < -\frac{1}{2} + \frac{1}{2}\operatorname{Re}(s)$.

$$\sum_{n=1}^{\infty} n^{-s} \sigma_a(n^2) = \frac{\zeta(s)\,\zeta(s-a)\,\zeta(s-2a)}{\zeta(2s-2a)}. \tag{15''}$$

Für

$$0 < \operatorname{Im}\beta < \operatorname{Im}\tau \quad \text{und} \quad 3 < \operatorname{Re}(s-2a) \tag{16}$$

entsteht für den ζ-Quotienten (15″) eine Integraldarstellung

$$\frac{\zeta(s)\,\zeta(s-a)\,\zeta(s-2a)}{\zeta(2s-2a)} = \frac{(-2\pi i)^{-a}\,\Gamma(a+1)}{2\,\Gamma\left(\frac{s}{2}\right)} \times \int_0^{i\infty} d\varrho\,(-2\pi i\varrho)^{\frac{s}{2}-1} \lim_{\tau\to 0} \int_\beta^{\beta+1} d\omega\,\Theta(\omega) H\binom{a+1}{\varrho+\tau-\omega}, \tag{16'}$$

und die Wechselwirkung der Singularitäten von Θ und H wird in (16, 16′) erst zur Fortsetzung in den kritischen Streifen dieses ζ-Quotienten (16′) führen können. Ob die Ausscheidung der arithmetischen Hilfsgrößen zwischen den Aussagen (15″, 15′) oder andererseits mit (14′, 15′) bewirkt wird, ändert nicht viel an der Tatsache, daß eine Grenzwertbildung im Integranden durchzuführen bleibt, welche die wesentlich singuläre Linie von H in die Darstellung des ζ-Quotienten eingehen läßt. Unter Vermeidung der Funktion $\Theta(\omega)$ gelangen wir, wenn (14′) statt (15″) zugrunde gelegt wird, mit den Ungleichungen $0 < \varepsilon$ und $3 < \operatorname{Re}(s-a-b)$ zur Darstellung

$$\frac{\zeta(s)\,\zeta(s-a)\,\zeta(s-b)\,\zeta(s-a-b)}{\zeta(2s-a-b)} = \frac{(-2\pi i)^{s-a-b-2}\,\Gamma(a+1)\,\Gamma(b+1)}{\Gamma(s)} \times \int_0^{i\infty} d\varrho\,\varrho^{s-1} \lim_{\varepsilon\to 0} \int_{i\varepsilon}^{1+i\varepsilon} dx\, H\binom{a+1}{x} H\binom{b+1}{\varrho+2i\varepsilon-x}. \tag{17}$$

Die oben erwähnte asymptotische Entwicklung von KLUYVER[1]) lautet für $(p, q) = 1$, $p = 0(1)$, $0 < q = 0\,(1)$, $\omega \to \frac{p}{q}$ und unter Benutzung der HURWITZschen verallgemeinerten ζ-Funktion

$$H\binom{a+1}{\omega} = \frac{\zeta\,(a+1)}{(q\,\omega - p)^{a+1}} + \frac{\zeta\,(1-a)}{\Gamma\,(1+a)} \cdot \frac{(-2\,\pi\,i\,q)^a}{q\,\omega - p} - \frac{(-2\,\pi\,i)^{a+1}\,\zeta\,(-a)}{2\,\Gamma\,(a+1)}$$

$$+ \frac{\pi\,(-2\,\pi\,i\,q)^a}{\Gamma\,(a+1)} \sum_{\nu=1}^{q-1}{}' \zeta\left(-a, \frac{\nu}{q}\right) \operatorname{ctg} \frac{\nu\,\pi\,p}{q} + O\,(q\,\omega - p)\,. \tag{18}$$

Der Grenzfall $a = 0$ liefert insbesondere

$$H\binom{1}{\omega} = \frac{\Gamma'(1) + \lg\,(-2\,\pi\,i\,q) + \lg\,(q\,\omega - p)}{p - \omega\,q} + \pi\,i\left(\frac{q}{2} - 1\right)$$

$$+ \frac{2\,\pi\,i}{q} \sum_{\nu=1}^{q-1}{}' \frac{\nu}{e^{\frac{2\,\pi\,i\,\nu\,p}{q}} - 1} + O\,(q\,\omega - p)\,. \tag{18'}$$

Die Einschränkung $-1 < \mathrm{Re}(a)$, $\mathrm{Re}(b) < 0$ betont die „rationalsten" Punkte der beiden singulären Linien $\mathrm{Im}(x) = 0$ bzw. $\mathrm{Im}(x) = \mathrm{Im}\,(\varrho + 2\,i\,\varepsilon)$ des inneren Integrals in (17). Die Durchführung der Restschätzung in (17) nach HARDYschem Vorbild erfordert aber zuzüglich eine Beurteilung der endlichen in (18, 18') eingehenden Summen und insbesondere eine Abschätzung von

$$\sum_{\nu=1}^{q-1}{}' \nu \operatorname{ctg} \frac{\pi\,\nu\,p}{q}$$

in Abhängigkeit von q. Die Fortsetzung des Gültigkeitsbereiches der Darstellung (17) für kleinere Werte von $\mathrm{Re}(s)$ in den kritischen Streifen bedarf deshalb der oben angedeuteten Vorarbeiten.

[1]) Over de reeks van Lambert. Versl. Nat. Afd. Ak. Amst. 28 (1921).

Fortsetzung von der 2. Umschlagseite

Band 100

Heft 1 Prof. Dr. HEINRICH BRANDT, Über Stammfaktoren bei ternären quadratischen Formen 24 Seiten – 8° – 1952 – DM 2,25

Heft 2 Dr. PAUL GÜNTHER, Zur Gültigkeit des Huygens'schen Prinzips bei partiellen Differentialgleichungen vom normalen hyperbolischen Typus. 43 S. – 8° – 1952 – DM 5,–

Heft 3 Dr. ALFRED MÜLLER, Die Schaubarkeit in der Axonometrie 22 Seiten – 3 Falttafeln – 8° – 1952 – DM 3,–

Heft 4 Prof. Dr.-Ing. ENNO HEIDEBROEK, Die Beziehungen zwischen Härte, Schmierung und Verschleißfestigkeit. Nachdruck – 40 S. – 10 Abbildungen – 8° – 1954 – DM 3,40

Heft 5 Prof. Dr. ROBERT SCHRÖDER, Frauenheilkunde in Forschung und Praxis 22 Seiten – 8° – 1952 – DM 1,35

Heft 6 Dr. ROLF REISSIG, Die pandiagonalen Quadrate vierter Ordnung 54 Seiten – 8° – 1952 – DM 5,–

Heft 7 Prof. Dr. MAX ROBITZSCH, Die Erforschung der Atmosphäre, ihre Methodik und ihre Probleme. 30 S. – 12 Abbildungen – 4 Kunstdrucktafeln – 8° – 1953 – DM 2,50

Band 101

Heft 1 Prof. Dr. KURT SCHWABE, Periodische Erscheinungen bei der anodischen Auflösung des Zinks 33 Seiten – 14 Abbildungen – 8° – 1954 – DM 3,–

Heft 2 Dr. UDO PIRL, Positive Lösungen einer nichtlinearen Integralgleichung 44 Seiten – 2 Abbildungen – 8° – 1953 – DM 4,–

Heft 3 Dr. JOACHIM FOCKE, Asymptotische Entwicklungen mittels der Methode der stationären Phase 2. unveränderte Auflage – 48 Seiten – 8° – 1957 – DM 4,80 *(vergriffen)*

Heft 4 Prof. Dr. HANS SALIÉ, Zur Verteilung natürlicher Zahlen auf elementfremde Klassen 26 Seiten – 8° – 1954 – DM 2,50

Heft 5 Prof. Dr.-Ing. ENNO HEIDEBROEK, Die Verantwortlichkeit des Ingenieurs 22 Seiten – 8° – 1954 – DM 1,–

Heft 6 Prof. Dr. HANS SCHUBERT / Dr. ERICH SCHINCKE, Zur Ermittlung von Unterschallströmungen mit der Transformationsmethode bei quadratischer Approximation der Adiabate 32 Seiten – 6 Abbildungen – 2 Tabellen – 8° – 1955 – DM 2,30

Heft 7 Dr. HELMUT SCHAEFER, Neue Existenzsätze in der Theorie nichtlinearer Integralgleichungen 40 Seiten – 8° – 1955 – DM 2,40

Band 102

Heft 1 Dr. PAUL GÜNTHER, Über einige spezielle Probleme aus der Theorie der linearen partiellen Differentialgleichungen zweiter Ordnung. 50 S. – 8° – 1957 – DM 4,60 *(vergriffen)*

Heft 2 Prof. Dr. HANS SCHUBERT/Dr. ERICH SCHINCKE, Zum Konturproblem der Hodographenmethode im Unterschall 25 Seiten – 8° – 1957 – DM 2,20

Heft 3 Prof. Dr. FRANZ RUNGE, Über die Polymerisation ungesättigter organischer Verbindungen 13 Seiten – 1 Tabelle – 8° – 1957 – DM 1,–

Heft 4 Dr. VICTOR VÂLCOVICI, Une extension des liaisons non holonomes et des principes variationnels 39 Seiten – 8° – 1958 – DM 2,40

Heft 5 Dr. ROLF KLÖTZLER, Beiträge zur Theorie mehrdimensionaler Variationsprobleme mit geknickten Extremalen 72 Seiten – 8° – 1958 – DM 4,30

Heft 6 Prof. Dr. PAULA HERTWIG, Strahlenschäden und Strahlenschutz im zellulären Bereich 43 Seiten – 14 Abbildungen im Text und auf 4 Tafeln – 6 Tabellen – 8° – 1957 – DM 2,–

Heft 7 Prof. Dr. WILHELM TREIBS, Entwicklungslinien der organischen Chemie 25 Seiten – 8° – 1957 – DM 1,40

Band 103

Heft 1 Prof. Dr. GEORG SPACKELER, Über die Möglichkeit einer Lieferung von Magnesiumsulfat als Düngemittel seitens des Kalibergbaus der Deutschen Demokratischen Republik
Prof. Dr. ANTON ARLAND, Magnesium im Landbau
38 Seiten – 1 Abbildung – 2 Landkarten – 8° – 1958 – DM 1,90

FSC
www.fsc.org
MIX
Papier | Fördert gute Waldnutzung
FSC® C083411

Zeitfracht Medien GmbH
Ferdinand-Jühlke-Straße 7
99095 Erfurt, Deutschland
produktsicherheit@kolibri360.de